AF561080

RAPPORT

SUR LES

CHAMPS DE DÉMONSTRATION

(BLÉ)

PAR

A. HOUZEAU

Directeur de la Station agronomique de la Seine-Inférieure

13e ANNÉE

BLÉ — BETTERAVES A SUCRE — HERBAGES

DESTRUCTION DES SANVES PAR LE SULFATE DE FER

ALIMENTATION RATIONNELLE DU BÉTAIL

(Récolte de 1898)

ROUEN

IMPRIMERIE E. CAGNIARD (Léon GY, Succr)

Rues Jeanne-Darc, 88, et des Basnage, 5

1899

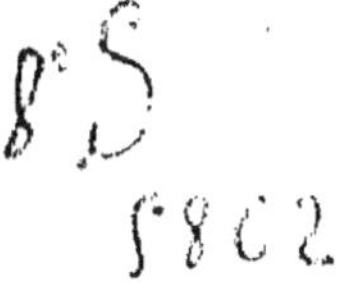

MEMBRES

DE LA

COMMISSION DES CHAMPS DE DÉMONSTRATION

MM. le Préfet;

De Raissac, secrétaire général;

Lesouef, sénateur;

Fortier, sénateur, président honoraire du Comice agricole de l'arrondissement de Rouen;

Breton, député;

René Berge, Conseiller général;

Houzeau, directeur de la station agronomique, correspondant de l'Institut;

Burel, vice-président de la Société d'encouragement à l'agriculture de l'arrondissement du Havre;

Saint-Requier, membre de la Chambre consultative d'agriculture de l'arrondissement d'Yvetot;

Rasset, président du Comice agricole de l'arrondissement de Neufchâtel;

Lacointe, président de la Société d'Agriculture de l'arrondissement de Dieppe;

Laurent, professeur départemental d'agriculture;

Dr Blanche, professeur d'agriculture;

Philippe, professeur d'agriculture;

Gautier, professeur d'agriculture;

Dubuc, professeur d'agriculture à Neufchâtel;

Bornot, membre de la Société nationale d'encouragement à l'agriculture, propriétaire à Valmont;

Grille, agriculteur, membre de la Société centrale d'agriculture;

Mulot, prop. au château de Goustimesnil à Grainbouville

Bailhache, cultivateur à Yvetot;

Geulin, cultivateur à Tourville-Fécamp;

Prunier, cultivateur à Duclair;

Lefebvre, propriétaire à Blainville-Crevon;

Bordeaux, chef de division, secrétaire.

RAPPORT

SUR

LES CHAMPS DE DÉMONSTRATION

BLÉ

Monsieur le Préfet,

J'ai l'honneur de vous faire connaître les résultats pratiques obtenus sur les champs de démonstration, pendant l'année 1897-1898.

Ils ont trait à la culture du blé.

Cependant, le zèle et le dévouement de MM. les professeurs départementaux ont donné à ces champs une plus grande extension; ils comprennent aussi la culture des betteraves à sucre et des expériences sur la production des herbages et sur la destruction des sanves par le sulfate de fer.

Aux expériences culturales, on a joint des essais sur l'alimentation rationnelle du bétail; de sorte qu'en réalité mon rapport de cette année comprend trois parties :

La première partie expose les résultats des *Champs de démonstration* sur le blé.

La deuxième partie fait connaître les résultats des *Champs d'expériences* pour la démonstration et relatifs à la culture des betteraves à sucre, à la production des herbages et à la destruction des sanves par le sulfate de fer.

Enfin, la troisième partie comprend les *Essais sur l'alimentation rationnelle du bétail.*

TABLEAU A

ÉCOLE DÉPARTEMENTALE D'AGRICULTURE

ET STATION AGRONOMIQUE DE LA SEINE-INFÉRIEURE

Siège à Rouen, route de Caen et rue des Murs-Saint-Yon

RESUMÉ DE LA RÉCOLTE A L'HECTARE

Toute la récolte a été battue et pesée

BLÉ D'HIVER 1897-1898

TABLEAU COMPOSÉ PAR M. HOUZEAU

	1 ARRONDISSEMENT DE NEUFCHATEL — NEUFCHATEL			
	Professeur : M. DUBUC. *Cultivateur* : M. DOUVRANDELLE.			
	CHAMP DE DÉMONSTRATION		CHAMP TÉMOIN	
	Blé sur Jachère avec fumier et engrais chimiques		Blé sur Jachère avec fumier seul.	
Nom de la semence	Blé Goldendrop		Blé Goldendrop	
Poids employé et son prix	160 kil.	50 fr. »	160 kil.	50 fr »
Nombre d'hectolitres de grain obtenu	34 hect, 4		22 hect 5	
Poids de l'hectolitre	80 kil.		80 kil.	
PRODUIT TOTAL.		Valeur argent		Valeur argent
Paille et balles à raison de 34 fr. les 1.000 k.	5.500 kil.	187 fr. »	4.400 kil.	139 fr. 40
Grain net à raison de 19 fr. les 100 k.	2.750	522 50	1.800	342 »
VALEUR TOTALE		709 fr. 50		481 fr. 40
à diminuer les frais d'engrais, d'épandage, de récolte et divers (1)		85 55		
Produit net du Champ de Démonstration		623 fr. 95		
Produit du Champ Témoin		481 40		
d'où excédent en faveur du champ de démonstration par hectare		142 fr. 55		
(1) FRAIS OU DÉPENSES POUR LES ENGRAIS CHIMIQUES EMPLOYÉS.	kil.	fr		
Sulfate d'ammoniaque	»	»		
Nitrate de soude	150	30 »		
Superphosphate de chaux	400	24 »		
Phosphate fossile	»	»		
Sels de potasse	»	» »		
Plâtre	»	» »		
Engrais divers		»		
Frais de transport, d'intérêt, de mélange et divers		11 10		
(Voir les détails aux tableaux spéciaux).		65 fr. 10		

CONCLUSIONS

NEUFCHATEL. — En dépensant 85 fr. 55 en plus sur le Champ de démonstration, on a porté la recette de 481 fr. 40 du Champ témoin, à 623 fr. 93, soit un boni net de 142 fr. 55, c'est-à-dire 166 % du capital avancé

OBSERVATIONS. — L'importance du boni, signalée dans le tableau, n'est pas absolue. A la place des prix (paille et grain) indiqués par les Praticiens de la Commission des Champs de démonstration, prix pouvant varier suivant les époques et la région, il est toujours possible au Cultivateur, désirant se rendre compte de l'importance du boni, de substituer à ces chiffres ceux qu'il croira mieux répondre aux exigences commerciales de sa culture et de sa situation personnelle.

PREMIÈRE PARTIE

CHAMPS DE DÉMONSTRATION

I

Résultats de la culture du blé

CHAMPS DE DÉMONSTRATION

La culture du blé entreprise à Neufchâtel, par MM. Dubuc et Douvrandelle, comprend deux champs dont la récolte entière a été pesée : un champ de démonstration et un champ témoin.

De même que l'année dernière, le champ de démonstration a donné un rendement rémunérateur, c'est-à-dire que le prix de l'engrais employé a été bien plus que couvert par l'excédent de récolte.

Il ressort en effet, des résultats obtenus, qu'avec une dépense en engrais chimiques de 85 fr. 55 en plus sur le champ de démonstration, on a porté la recette de 481 fr. 40 du champ témoin, à 623 fr. 95, soit un boni net de 142 fr. 55, c'est-à-dire 166 °/₀ du capital avancé.

Le tableau 1, placé à la fin du rapport, contient tous les détails des opérations, tandis que le tableau colorié A le résume.

DEUXIÈME PARTIE

CHAMPS D'EXPÉRIENCES

I

Résultats de la culture de la Betterave à sucre

CHAMPS D'EXPÉRIENCES

Cette expérience a été faite par M. Gautier, sur la ferme de M. Breton, à Envermeu, en vue de rechercher l'influence de l'emploi des engrais chimiques sur la Betterave à sucre.

A cet effet, deux hectares de terre, qui avaient porté précédemment des Pois gris des champs, ont été affectés à cet essai. La totalité du terrain a été fumée à l'automne, à raison de 30,000 kilog. de fumier de ferme, par hectare.

Au printemps, après le labour et le hersage précédant l'ensemencement, la moitié du champ (1 hectare) a reçu en outre le mélange suivant, par hectare :

200 kil. de nitrate de soude, à 15,5 0/0 d'azote...	48 fr. »
100 — de chlorure de potassium, à 50 0/0 de potasse..............................	28 »
700 — de superphosphate de chaux, à 15,5 0/0 d'acide phosphorique soluble.........	56 »
Soit une dépense supplémentaire en engrais chimiques de..............................	132 fr. »

L'autre portion du terrain devant servir de témoin a été cultivée par la méthode ordinaire, c'est-à-dire sans addition d'engrais chimiques, à la fumure au fumier de ferme.

Le 1er mai, l'ensemencement a été pratiqué à l'aide du semoir, en lignes espacées de 0m45, à raison de 30 kilog. par hectare.

L'action des engrais chimiques se manifesta de bonne heure, dans le champ d'expériences. Tandis que la levée des Betteraves, dans le champ témoin, se faisait lentement et d'une façon irrégulière, et que beaucoup de plants étaient dévorés par les insectes, au fur et à mesure de la levée, celle du champ d'expérience au contraire, s'effectuait dans les meilleures conditions.

La végétation dans le champ d'expériences alla toujours en progressant, et par suite du grand développement de leur appareil feuillu, les Betteraves de ce champ résistèrent beaucoup mieux à la sécheresse de l'été, que celles du champ témoin.

Enfin, voici les résultats que fournit l'arrachage, par hectare :

	Poids net des racines lavées et décolletées
1° Champ d'expériences (fumier et engrais chimiques)	44.800 kil.
2° Champ témoin (fumier seul)	35.000
Excédent en faveur du champ d'expériences...	9.800 kil.
A 25 fr. les 1,000 kilogs	245 fr. »
Dépenses en engrais chimiques	132 »
D'où boni en faveur du champ d'expériences, par hectare	113 fr. »

Dans ce boni, ne figure pas la valeur des pulpes que les agriculteurs ont le droit de prendre à l'usine, à raison de 2 fr. les 1,000 kilog.

Ce résultat qui confirme celui obtenu déjà, l'année dernière, sur la ferme de M. Breton, à Envermeu, démontre bien une fois de plus la grande force de production exercée par les engrais chimiques sur la Betterave à sucre, et les bénéfices que le cultivateur peut arriver à réaliser par l'emploi judicieux de ces engrais chimiques sur cette culture.

II

Résultats des essais sur les Herbages à faucher

CHAMPS D'EXPÉRIENCES

Les essais entrepris par M. Bailhache, à Saint-Nicolas-de-la-Haye, ont eu pour but de rechercher l'action de certaines formules d'engrais chimiques sur les herbages et d'en déterminer, par la suite, celles qui semblent particulièrement à recommander.

Déjà l'année dernière, les mêmes expériences avaient été faites sur vingt parcelles, mais, avant de tirer des conclusions générales, il était utile de les répéter.

A cet effet, vingt-quatre autres parcelles de un are chacune ont été établies sur un herbage de un an de création, composé en proportions à peu près égales de graminées (Dactyle, Flouve, Houlque, Ray-Grass anglais, Paturin, Fétuque, Brôme) et de légumineuses (Trèfles, Minette).

De même qu'en 1897, pour la comparaison des résultats et pour éliminer l'influence du terrain, on a laissé à chaque extrémité du champ quatre témoins qui n'ont reçu aucun engrais (parcelles 1, 8, 17, 24).

C'est avec la moyenne du produit des deux témoins les plus voisins des parcelles ou avec la moyenne des quatre témoins réunis que les résultats ont été comparés, ainsi qu'on peut s'en rendre compte dans le plan placé à la suite du tableau B ci-joint, qui résume les différentes opérations de l'expérience.

Tableau B

1898. — SAINT-NICOLAS-DE-LA-HAYE. — Professeur : M. HOUZEAU. — Cultivateur : M. BAILHACHE

INFLUENCE DES ENGRAIS CHIMIQUES SUR LES HERBAGES

(GRAMINÉES ET LÉGUMINEUSES). — Herbage de 1 an.

Chaque parcelle mesure 1 are. — Épandage des Engrais : 6 avril 1898. — RÉCOLTE { Fauchage et pesage : 13 et 14 juin 1898. Le Fourrage a été pesé vert, au fur et à mesure du fauchage.

RÉSULTATS RAPPORTÉS A L'HECTARE

N° des Parcelles	Désignation des Parcelles	Engrais Chimiques employés sur chaque parcelle	Poids	Récolte en Fourrage vert à 75 % d'eau	Récolte calculée en foin sec à 15 % d'Eau	Excédent ou diminution, en foin sec, des Champs à Engrais : sur la moyenne de la récolte des 2 champs témoins sans Engrais, placés dans leur voisinage (1) (Moyenne des champs 1 et 17 = 5.453 kil; id. 8 et 24 = 4.457 kil)	Excédent ou diminution, en foin sec, des Champs à Engrais : sur la moyenne de la récolte des 4 champs témoins sans Engrais (2) (moyenne des 4 champs 1, 8, 17, 24) 4.955 kil
1	Sans Engrais	Champ témoin	"	18.020 kil	5.298 kil	"	"
2	Engrais Complet au Sulfate d'Ammoniaque	Sulfate d'ammoniaque Superphosphate de chaux à 16 % d'acide phosphorique soluble dans le citrate Chlorure de Potassium Plâtre	200 kil 500 200 500	30.930 kil	9.093 kil	Excédent 3.640 kil	Excédent 4.138 kil
3	Engrais Complet au Nitrate de Soude	Nitrate de Soude Superphosphate de Chaux Chlorure de Potassium Plâtre	266 kil 500 200 500	29.700 kil	8.732 kil	Excédent 3.279 kil	Excédent 3.777 kil
4	Sulfate d'Ammoniaque seul	Sulfate d'ammoniaque	200 kil	21.450 kil	6.309 kil	Excédent 856 kil	Excédent 1.354 kil
5	Nitrate de Soude seul	Nitrate de Soude	266 kil	22.370 kil	6.577 kil	Excédent 2.120 kil	Excédent 1.622
6	Superphosphate de Chaux seul	Superphosphate de Chaux	500 kil	15.280 kil	4.492 kil	Excédent 35 kil	Diminution 463 kil
7	Chlorure de Potassium seul	Chlorure de Potassium	200 kil	13.950 kil	4.101 kil	Diminution 356 kil	Diminution 854 kil
8	Sans Engrais	Champ Témoin	"	15.000 kil	4.410 kil	"	"
9	Plâtre seul	Plâtre	500 kil	18.060 kil	5.310 kil	Diminution 143 kil	Excédent 355 kil
10	Engrais sans Azote	Superphosphate de Chaux Chlorure de Potassium Plâtre	500 kil 200 500	24.090 kil	7.082 kil	Excédent 1.629 kil	Excédent 2.127 kil
11	Engrais au Sulfate d'Ammon. sans Acide phosphorique	Sulfate d'Ammoniaque Chlorure de Potassium Plâtre	200 kil 500 500	26.120 kil	7.679 kil	Excédent 2.226 kil	Excédent 2.724 kil
12	Engrais au Sulfate d'Ammoni. sans Potasse	Sulfate d'Ammoniaque Superphosphate de Chaux Plâtre	200 kil 500 500	27.020 kil	7.944 kil	Excédent 2.491 kil	Excédent 2.989 kil
13	Engrais au Sulfate d'Ammo. sans Plâtre	Sulfate d'Ammoniaque Superphosphate de Chaux Chlorure de Potassium	200 kil 500 500	29.260 kil	8.602 kil	Excédent 4.145 kil	Excédent 3.647 kil
14	Engrais au Nitrate de soude sans Acide Phosphorique	Nitrate de Soude Chlorure de Potassium Plâtre	266 kil 200 500	25.100 kil	7.379 kil	Excédent 2.922 kil	Excédent 2.424 kil
15	Engrais au Nitrate de Soude sans Potasse	Nitrate de Soude Superphosphate de Chaux Plâtre	266 kil 500 500	26.730 kil	7.859 kil	Excédent 3.402 kil	Excédent 2.904 kil
16	Engrais au Nitrate de Soude sans Plâtre	Nitrate de Soude Superphosphate de Chaux Chlorure de Potassium	266 kil 500 200	29.500 kil	8.673 kil	Excédent 4.216 kil	Excédent 3.718 kil
17	Sans Engrais	Champ Témoin	"	18.940 kil	5.608 kil	"	"
18	Scories seules	Scories	500 kil	21.540 kil	6.333 kil	Excédent 880 kil	Excédent 1.378 kil
19	Scories et Nitrate de Soude	Scories Nitrate de Soude	500 kil 266	27.640 kil	8.126 kil	Excédent 2.673 kil	Excédent 3.171 kil
20	Engrais Complet aux Scories	Scories Nitrate de Soude Chlorure de Potassium	500 kil 266 200	30.520 kil	8.973 kil	Excédent 3.520 kil	Excédent 4.018 kil
21	Scories et Chlorure de Potassium	Scories Chlorure de Potassium	500 kil 200	18.730 kil	5.507 kil	Excédent 1.050 kil	Excédent 552 kil
22	Chaux seule	Chaux	1000 kil	16.930 kil	4.977 kil	Excédent 520 kil	Excédent 22 kil
23	Chaux et Nitrate de Soude	Chaux Nitrate de Soude	1000 kil 266	24.370 kil	7.165 kil	Excédent 2.708 kil	Excédent 2.210 kil
24	Sans Engrais	Champ Témoin	"	15.320 kil	4.504 kil	"	"

(1) Les parcelles 2, 3, 4, 9, 10, 11, 12, 18, 19, 20, ont été comparées avec la moyenne de la récolte (5.453 kil) des Champs témoins 1 et 17.
Les parcelles 5, 6, 7, 13, 14, 15, 16, 21, 22, 23, ont été comparées avec la moyenne de la récolte (4.457 kil) des Champs témoins 8 et 24.
Voici d'ailleurs, la disposition des parcelles et les résultats de la récolte en foin sec, à 15 % d'eau, de chacune d'elles par hectare.

1	2	3	4	5	6	7	8
Témoin sans Engrais Récolte ... 5298 k	Engrais Complet au Sulfate d'Ammoniaq. Récolte ... 9093 id moyenne témoins 5453 (1 et 17) Excédent ... 3640	Engrais Complet au Nitrate de Soude Récolte ... 8732 id moyenne témoins 5453 (1 et 17) Excédent ... 3279	Sulfate d'Ammoniaq. seul Récolte ... 6309 id moyenne témoins 5453 (1 et 17) Excédent ... 856	Nitrate de Soude seul Récolte ... 6577 id moyenne témoins 4457 (8 et 24) Excédent ... 2120	Superphosphate seul Récolte 4492 id moyenne témoins 4457 (8 et 24) Excédent 35	Chlorure de Potassium seul Récolte ... 4101 id moyenne témoins 4457 (8 et 24) Diminution ... 356	Témoin sans Engrais Récolte 4410
9	**10**	**11**	**12**	**13**	**14**	**15**	**16**
Plâtre seul Récolte 5310 id moyenne témoins 5453 (1 et 17) Diminution 143	Engrais sans Azote Récolte 7082 id moyenne témoins 5453 (1 et 17) Excédent ... 1629	Engrais au Sulfate d'Ammon. sans Acide Phosphorique Récolte 7679 id moyenne témoins 5453 (1 et 17) Excédent 2226	E. au Sulfate d'Ammonia. sans Potasse Récolte 7944 id moyenne témoins 5453 (1 et 17) Excédent 2491	E. au Sulfate d'Ammonia. sans Plâtre Récolte 8602 id moyenne témoins 4457 (8 et 24) Excédent 4145	E. au Nitrate de Soude sans Acide Phosphorique Récolte 7379 id moyenne témoins 4457 (8 et 24) Excédent ... 2922	E. au Nitrate de Soude sans Potasse Récolte 7859 id moyenne témoins 4457 (8 et 24) Excédent ... 3402	E. au Nitrate de Soude sans Plâtre Récolte 8673 id moyenne témoins 4457 (8 et 24) Excédent ... 4216
17	**18**	**19**	**20**	**21**	**22**	**23**	**24**
Témoin sans Engrais Récolte ... 5608	Scories seules Récolte ... 6333 id moyenne témoins 5453 (1 et 17) Excédent ... 880	Scories et Nitrate de Soude Récolte ... 8126 id moyenne témoins 4457 (1 et 17) Excédent ... 2673	Engrais complet avec Scories Récolte ... 8973 id moyenne témoins 4457 (1 et 17) Excédent 3520	Scories et Chlorure de Potassium Récolte ... 5507 id moyenne témoins 4457 (8 et 24) Excédent ... 1050	Chaux seule Récolte 4977 id moyenne témoins 4457 (8 et 24) Excédent ... 520	Chaux et Nitrate de Soude Récolte 7165 id moyenne témoins 4457 (8 et 24) Excédent ... 2708	Témoin sans Engrais Récolte ... 4504

(2) La récolte de chaque parcelle, comparée avec la moyenne de la récolte des 4 champs témoins (4955 kil) donne les résultats ci-dessous par hectare :

1	2	3	4	5	6	7	8
Témoin sans Engrais Récolte ... 5298	Engrais Complet au Sulfate d'Ammoniaq. Récolte ... 9093 id moyenne des 4 témoins 4955 Excédent ... 4138	Engrais complet au Nitrate de Soude Récolte ... 8732 id moyenne des 4 témoins 4955 Excédent ... 3777	Sulfate d'Ammoniaque seul Récolte ... 6309 id moyenne des 4 témoins 4955 Excédent ... 1354	Nitrate de Soude seul Récolte ... 6577 id moyenne des 4 témoins 4955 Excédent ... 1622	Superphosphate seul Récolte ... 4492 id moyenne des 4 témoins 4955 Diminution ... 463	Chlorure de Potassium seul Récolte ... 4101 id moyenne des 4 témoins 4955 Diminution ... 854	Témoin sans Engrais Récolte ... 4410
9	**10**	**11**	**12**	**13**	**14**	**15**	**16**
Plâtre seul Récolte ... 5310 id moyenne des 4 témoins 4955 Excédent ... 355	Engrais sans Azote Récolte 7082 id moyenne des 4 témoins 4955 Excédent ... 2127	E. au Sulfate d'Ammonia. sans Acide Phosphorique Récolte 7679 id moyenne des 4 témoins 4955 Excédent ... 2724	E. au Sulfate d'Ammonia. sans Potasse Récolte ... 7944 id moyenne des 4 témoins 4955 Excédent ... 2989	E. au Sulfate d'Ammonia. sans Plâtre Récolte ... 8602 id moyenne des 4 témoins 4955 Excédent ... 3647	E. au Nitrate de Soude sans Acide Phosphorique Récolte ... 7379 id moyenne des 4 témoins 4955 Excédent ... 2424	E. au Nitrate de Soude sans Potasse Récolte 7859 id moyenne des 4 témoins 4955 Excédent ... 2904	E. au Nitrate de Soude sans Plâtre Récolte ... 8673 id moyenne des 4 témoins 4955 Excédent ... 3718
17	**18**	**19**	**20**	**21**	**22**	**23**	**24**
Témoin sans Engrais Récolte ... 5608	Scories seules Récolte ... 6333 id moyenne des 4 témoins 4955 Excédent ... 1378	Scories et Nitrate de Soude Récolte ... 8126 id moyenne des 4 témoins 4955 Excédent ... 3171	Engrais complet avec Scories Récolte ... 8973 id moyenne des 4 témoins 4955 Excédent ... 4018	Scories et Chlorure de Potassium Récolte ... 5507 id moyenne des 4 témoins 4955 Excédent ... 552	Chaux seule Récolte ... 4977 id moyenne des 4 témoins 4955 Excédent ... 22	Chaux et Nitrate de Soude Récolte ... 7165 id moyenne des 4 témoins 4955 Excédent ... 2210	Témoin sans Engrais Récolte ... 4504

Avis important. — Il ne faut pas oublier que les chiffres exprimant les rendements par hectare ne sont que relatifs, puisqu'ils ne proviennent pas de la pesée directe de la récolte d'un hectare. Ils ont été calculés d'après le produit obtenu sur un are.

Il résulte des faits exposés dans le tableau ci-dessus, des observations très intéressantes, si on compare ces faits aux éléments chimiques dont est composée la terre qui a porté les récoltes.

L'analyse a en effet montré que la terre avait la composition suivante, rapportée à 100 parties en poids, de terre desséchée à 100° (cailloux et terre fine).

Azote total	0.140
Acide phosphorique total	0.134
Acide phosphorique soluble dans l'acide azotique (méthode officielle)	0.104
Potasse totale	1.660
Potasse soluble dans l'acide azotique (méthode officielle)	0.060
Carbonate de chaux	traces
Cailloux et détritus divers	1.30
Sable	92.42
Argile	6.28
	100.00

On voit que la terre n'est pas très riche en azote, pour une terre de prairie, et qu'elle est pauvre en potasse soluble et en carbonate de chaux.

On pouvait croire, d'après la théorie admise, qu'en ajoutant à la terre, sous forme d'engrais chimiques, les éléments minéraux dont elle était dépourvue (potasse et calcaire), on pouvait accroître sa fertilité. Il n'en a rien été [1].

[1] Ce résultat négatif ne s'explique pas, d'après la théorie admise, si l'on s'arrête au chiffre de la potasse soluble, c'est-à-dire immédiatement assimilable, mais il se comprend très bien d'après le chiffre de la potasse totale. La terre est pauvre en potasse soluble, mais riche en potasse totale. A. H.

Les résultats également négatifs fournis par un apport d'acide phosphorique, sous forme de superphosphate et de scories, sont moins surprenants, puisque cet agent s'y trouve à la dose normale qu'on rencontre dans la terre fertile.

En résumé, les résultats obtenus cette année, confirment ceux de l'année dernière. C'est surtout l'azote qui a produit des résultats importants.

Toutes les parcelles qui en ont reçu, soit sous forme de nitrate de soude, soit sous forme de sulfate d'ammoniaque, ont produit un excédent de récolte sur la moyenne des quatre parcelles sans engrais, lequel excédent de récolte est de

1,354 kil. comme minimum (parcelle 4).
et de 4,138 kil. comme maximum (parcelle 2).

Quant aux parcelles qui ont reçu des engrais incomplets, *sans azote*, la récolte de deux seulement (6 et 7) est inférieure à celle de la moyenne des quatre parcelles témoins (sans engrais), anomalie qui ne peut s'expliquer que par un manque d'uniformité de l'herbage. Toutes les autres, au contraire, ont produit, grâce aux engrais minéraux, un excédent de récolte, mais cet excédent de récolte n'a pas dépassé 2,127 kil. (parcelle 10), soit à peu près la moitié de celui obtenu dans les parcelles à azote, au maximum de rendement (parcelle 2).

En outre de ces nouveaux essais, ceux de l'année dernière ont été continués.

Pour se rendre compte de ce qui pouvait rester dans

... Professeur : M. Houzeau. — Cultivateur : M. Bailhache

INFLUENCE DES ENGRAIS CHIMIQUES SUR LES HERBAGES

(Graminées et Légumineuses). — Herbage de 3 ans.

Chaque parcelle mesure 1 are.

1897. — 1re année de l'Epandage.

Epandage des engrais : 3 avril 1897. — Récolte : Fauchage et pesage : 17 et 19 juin 1897.
(Le fourrage a été pesé vert au fur et à mesure du fauchage).

RÉSULTATS RAPPORTÉS A L'HECTARE

1898. — 2me année.

Epandage de nitrate de soude seul sur tous les champs (nos 1 à 20).

(Pour voir l'effet de ce qui reste dans le sol, des engrais employés en 1897, on n'a épandu en 1898, sur toutes les parcelles, que du nitrate de soude (266 kil. par hect.)

Epandage du nitrate : 6 avril 1898.
Récolte : Fauchage et pesage : 16 juin 1898.

Résultats rapportés à l'hectare

Nos des Parcelles	Désignation des Parcelles établies en 1897	Engrais Chimiques employés sur chaque parcelle en 1897	Poids	Récolte (1897) en Fourrage vert à 75 % d'eau	Récolte (1897) calculée en foin sec à 15 % d'eau	Excédent, en foin sec, des Champs d'Expériences, sur la récolte du Champ Témoin placé dans leur voisinage (1) (Récolte du Ch. Témoin N° 8 = 3557 kil.) (id. id. N° 13 = 2731)	Récolte (1898) en Fourrage vert à 75 % d'eau	Récolte (1898) calculée en Foin sec à 15 % d'eau	Excédent ou Diminution des Champs d'Expériences sur la récolte du Champ Témoin placé dans leur voisinage (1) (Récolte du Ch. Témoin N° 8 : 5689 kil.) (id. id. N° 13 = 5092)
1	Engrais complet au Sulfate d'Ammoniaque	Sulfate d'ammoniaque Superphosphate de chaux à 15 % d'ac. ph. soluble dans l'eau et citrate Chlorure de Potassium Plâtre	200 kil. 500 200 500	19.290 kil.	5.671 kil.	Excédent .. 2.940 kil.	13.910 kil.	4.089 kil.	Diminution 1.003 kil.
2	Engrais complet au Nitrate de Soude	Nitrate de Soude Superphosphate de Chaux Chlorure de Potassium Plâtre	266 kil. 500 200 500	21.000 kil.	6.174 kil.	Excédent .. 3.443 kil.	17.570 kil.	5.165 kil.	Excédent .... 73 kil.
3	Sulfate d'Ammoniaque seul	Sulfate d'ammoniaque	200 kil.	20.720 kil.	6.091 kil.	Excédent .. 3.360 kil.	18.670 kil.	5.489 kil.	Excédent ... 397 kil.
4	Nitrate de Soude seul	Nitrate de Soude	266 kil.	23.340 kil.	6.882 kil.	Excédent .. 4.151 kil.	21.160 kil.	6.221 kil.	Excédent ... 1.129 kil.
5	Superphosphate de Chaux seul	Superphosphate de Chaux	500 kil.	17.690 kil.	5.200 kil.	Excédent .. 2.469 kil.	23.250 kil.	6.844 kil.	Excédent ... 1.752 kil.
6	Chlorure de Potassium seul	Chlorure de Potassium	200 kil.	18.700 kil.	5.498 kil.	Excédent .. 1.941 kil.	26.400 kil.	7.762 kil.	Excédent ... 2.073 kil.
7	Plâtre seul	Plâtre	500 kil.	13.070 kil.	3.842 kil.	Excédent .. 285 kil.	22.320 kil.	6.562 kil.	Excédent ... 873 kil.
8	Sans Engrais	Champ témoin	-	12.100 kil.	3.557 kil.	-	19.350 kil.	5.689 kil.	-
9	Engrais sans Azote	Superphosphate de Chaux Chlorure de Potassium Plâtre	500 kil. 200 500	17.000 kil.	4.998 kil.	Excédent .. 1.441 kil.	21.820 kil.	6.415 kil.	Excédent ... 726 kil.
10	Engrais au Sulfate d'Ammoniaque sans Acide Phosphorique	Sulfate d'Ammoniaque Chlorure de Potassium Plâtre	200 kil. 200 500	27.370 kil.	8.047 kil.	Excédent .. 4.490 kil.	22.620 kil.	6.650 kil.	Excédent ... 961 kil.
11	Engrais au Sulfate d'Ammoniaque sans Potasse	Sulfate d'Ammoniaque Superphosphate de Chaux Plâtre	200 kil. 500 500	13.000 kil.	3.622 kil.	Excédent .. 1.091 kil.	15.260 kil.	4.486 kil.	Diminution 606 kil.
12	Engrais au Sulfate d'Ammoniaque sans Plâtre	Sulfate d'Ammoniaque Superphosphate de Chaux Chlorure de Potassium	200 kil. 500 200	15.590 kil.	4.583 kil.	Excédent .. 1.852 kil.	14.250 kil.	4.189 kil.	Diminution .. 903 kil.
13	Sans Engrais	Champ témoin	-	9.290 kil.	2.731 kil.	-	17.320 kil.	5.092 kil.	-
14	Engrais au Nitrate de Soude sans Acide Phosphorique	Nitrate de Soude Chlorure de Potassium Plâtre	266 kil. 200 500	24.030 kil.	7.065 kil.	Excédent .. 4.334 kil.	19.700 kil.	5.792 kil.	Excédent ... 700 kil.
15	Engrais au Nitrate de Soude sans Potasse	Nitrate de Soude Superphosphate de Chaux Plâtre	266 kil. 500 500	24.340 kil.	7.156 kil.	Excédent .. 4.425 kil.	20.210 kil.	5.942 kil.	Excédent .. 1.753 kil.
16	Engrais au Nitrate de Soude sans Plâtre	Nitrate de Soude Superphosphate de Chaux Chlorure de Potassium	266 kil. 500 200	27.220 kil.	8.003 kil.	Excédent .. 4.646 kil.	22.960 kil.	6.750 kil.	Excédent .. 1.061 kil.
17	Scories seules	Scories seules	500 kil.	13.350 kil.	3.925 kil.	Excédent .. 368 kil.	21.790 kil.	6.406 kil.	Excédent ... 717 kil.
18	Scories et Nitrate de Soude	Scories Nitrate de Soude	500 kil. 266	21.060 kil.	6.192 kil.	Excédent .. 2.635 kil.	21.130 kil.	6.212 kil.	Excédent ... 523 kil.
19	Engrais Complet aux Scories	Scories Nitrate de Soude Chlorure de Potassium	500 kil. 266 200	22.930 kil.	6.741 kil.	Excédent .. 3.184 kil.	22.270 kil.	6.547 kil.	Excédent ... 858 kil.
20	Scories et Chlorure de Potassium	Scories Chlorure de Potassium	500 kil. 200	18.200 kil.	5.351 kil.	Excédent .. 1.994 kil.	25.340 kil.	7.450 kil.	Excédent ... 1761 kil.

(1) Les parcelles 1, 2, 3, 4, 5, 11, 12, 14, 15, placées dans le voisinage du Champ Témoin N° 13 ont été comparées avec lui.
Les parcelles 6, 7, 9, 10, 16, 17, 18, 19, 20, placées dans le voisinage du Champ Témoin N° 8 ont été comparées avec lui.
Voici d'ailleurs la disposition des parcelles établies en 1897 et les résultats obtenus, en comparant la récolte des Champs d'Expériences avec la récolte du Champ Témoin placé dans leur voisinage.

1	2	3	4	5	6	7	8	9	10
En 1897 - E. Complet au Sulfate d'Ammoniaq. En 1898 - Nitrate de Soude seul En 1897 - Excédent .. 2940 kil. En 1898 - Diminution .. 1003 -	En 1897 - E. Complet au Nitrate de Soude En 1898 - Nitrate de Soude seul En 1897 - Excédent .. 3443 kil. En 1898 - Excédent .. 73 -	En 1897 - Sulfate d'Ammoniaque seul En 1898 - Nitrate de Soude seul En 1897 - Excédent .. 3360 kil. En 1898 - Excédent .. 397 -	En 1897 - Nitrate de Soude seul En 1898 - Nitrate de Soude seul En 1897 - Excédent .. 4151 kil. En 1898 - Excédent .. 1129 -	En 1897 - Superphosphate seul En 1898 - Nitrate de Soude seul En 1897 - Excédent .. 2469 kil. En 1898 - Excédent .. 1752 -	En 1897 - Chlorure de Potassium seul En 1898 - Nitrate de Soude seul En 1897 - Excédent .. 1941 kil. En 1898 - Excédent .. 2073 -	En 1897 - Plâtre seul En 1898 - Nitrate de Soude seul En 1897 - Excédent .. 285 kil. En 1898 - Excédent .. 873 -	En 1897 - Sans Engrais (Témoin) En 1898 - Nitrate de Soude seul - -	En 1897 - E. sans Azote En 1898 - Nitrate de Soude seul En 1897 - Excédent .. 1441 kil. En 1898 - Excédent .. 726 -	En 1897 - E. sans Acide Phosphorique En 1898 - Nitrate de Soude seul En 1897 - Excédent .. 4490 kil. En 1898 - Excédent .. 961 -
11	**12**	**13**	**14**	**15**	**16**	**17**	**18**	**19**	**20**
En 1897 - E. sans Potasse En 1898 - Nitrate de Soude seul En 1897 - Excédent .. 1091 kil. En 1898 - Diminution .. 606	En 1897 - E. sans Plâtre En 1898 - Nitrate de Soude seul En 1897 - Excédent .. 1852 kil. En 1898 - Diminution .. 903	En 1897 - Sans Engrais (Témoin) En 1898 - Nitrate de Soude seul - -	En 1897 - E. sans Acide Phosphorique En 1898 - Nitrate de Soude seul En 1897 - Excédent .. 4334 kil. En 1898 - Excédent .. 700	En 1897 - E. sans Potasse En 1898 - Nitrate de Soude seul En 1897 - Excédent .. 4425 kil. En 1898 - Excédent .. 1753 -	En 1897 - E. sans Plâtre En 1898 - Nitrate de Soude seul En 1897 - Excédent .. 4646 kil. En 1898 - Excédent .. 1061 -	En 1897 - Scories seules En 1898 - Nitrate de Soude seul En 1897 - Excédent .. 368 kil. En 1898 - Excédent .. 717 -	En 1897 - Scories et Nitrate de Soude En 1898 - Nitrate de Soude seul En 1897 - Excédent .. 2635 kil. En 1898 - Excédent .. 523	En 1897 - E. Complet aux Scories En 1898 - Nitrate de Soude seul En 1897 - Excédent .. 3184 kil. En 1898 - Excédent .. 858 -	En 1897 - Scories et Chlorure de Potassium En 1898 - Nitrate de Soude seul En 1897 - Excédent .. 1994 kil. En 1898 - Excédent .. 1761 -

Avis important. — Il ne faut pas oublier que les chiffres exprimant les rendements par hectare ne sont que relatifs, puisqu'ils ne proviennent pas de la pesée directe d'un hectare. Ils ont été calculés d'après le produit obtenu sur un are.

le sol, des engrais minéraux employés sur les différentes parcelles en 1897, on a épandu sur toutes ces parcelles, au printemps de 1898, du nitrate de soude, à raison de 266 kilog. par hectare.

Les résultats obtenus, en 1897 et en 1898, sont consignés dans le tableau C ci-joint.

Si l'on ne tient pas compte des anomalies de quelques parcelles, au nombre de quatre sur vingt mises en expériences (parcelles 1, 2, 11 et 12) [1], et qu'on envisage l'ensemble des résultats, on voit que partout où il y a eu apport d'azote, il y a eu augmentation notable de rendement.

Mais cet excédent de rendement n'est manifeste que si la terre est suffisamment pourvue, soit naturellement, soit par un apport d'engrais minéraux, d'acide phosphorique, de potasse et de chaux [2].

Bien que l'emploi exclusif de l'azote, sous forme de nitrate de soude, produise de bons effets dans certains cas, c'est-à-dire dans les terres suffisamment riches en

[1] Il a été reconnu depuis, par des sondages, que la profondeur du sol de ces quatre parcelles qui avaient reçu des engrais et dont la récolte n'avait pas été en rapport avec la proportion de ces engrais était fort différente de celle des autres. Cette particularité avait échappé primitivement aux expérimentateurs, lors de l'établissement des essais. Et ce sont les anomalies observées dans la production des récoltes qui leur en ont fait rechercher la cause.

Voici d'ailleurs les résultats des différents sondages de la surface à la naissance du sous-sol qui est caillouteux et glaiseux :

Parcelle n° 1. — Profondeur du sol : 0 m 12.
— n° 2. — — 0 m 15.
— n° 11. — — 0 m 10.
— n° 12. — — 0 m 10.

Parcelle nos 3, 4, 5, 6, 7, 8, 9, 10, 13, 14, 15, 16, 17, 18, 19, 20. — Profondeur du sol : 0 m 70, dont 0 m 30 de sol arable.

[2] C'est là l'explication d'un fait signalé déjà par certains praticiens, à savoir que l'emploi du nitrate de soude sur les herbages, qui leur avait donné de bons résultats la première année, n'a plus produit que des effets à peu près nuls l'année suivante, malgré un nouvel épandage de nitrate. C'est que la récolte primitive avait enlevé assez d'éléments minéraux (potasse, acide phosphorique, chaux), pour n'en pas laisser une dose suffisante pour les besoins d'une seconde récolte.

éléments minéraux fertilisants, il est utile d'y associer de l'acide phosphorique, principalement sous forme de scories, et même de la potasse, sous forme de chlorure de potassium, surtout si le sol n'est pas argileux, afin de restituer à la terre les éléments que les récoltes lui enlèvent. Sans cette précaution, la terre pourrait s'appauvrir.

Nous ne nous sommes occupés, dans ces expériences, que de la production végétale en bloc, en prenant l'herbage dans l'état où se trouvait sa flore et en cherchant uniquement la nature des engrais qui lui convenaient le mieux pour augmenter la récolte, sans nous préoccuper, pour le moment, de la qualité de cette récolte.

On sait bien que le nitrate de soude a peu d'action sur les légumineuses, qui puisent leur azote dans l'air, alors qu'il développe beaucoup les graminées. C'est l'inverse pour les sels de potasse et surtout pour la chaux qui favorisent au contraire la végétation des légumineuses. Avec ces données, le propriétaire de la prairie sera toujours libre de diriger à son gré, suivant ses intérêts, la prédominance des légumineuses sur les graminées, en ne mettant pas de nitrate, ou celle des graminées sur les légumineuses en faisant usage de l'engrais azoté à des doses variables, suivant les résultats visés et la nature du sol (100 kilog., 150 kilog., etc., de nitrate par hectare).

Dans tous les cas, il y aura prudence de sa part à ne tenter les premiers essais que sur de petites surfaces.

Nota. — Le fourrage des champs d'expériences n'a été fauché qu'une seule fois (en juin 1898), la sécheresse persistante de la fin de l'été ayant nui à la végétation du regain. C'est pourquoi il n'a pas été possible de faire une seconde coupe du fourrage, ce qui aurait donné un grand intérêt aux expériences. Ce cas s'est d'ailleurs présenté dans toutes les fermes du voisinage.

III

Destruction des sanves par le sulfate de fer.

CHAMPS D'EXPÉRIENCES

RAPPORT DE M. DUBUC

Dans beaucoup d'exploitations de l'arrondissement, il n'est pas rare de rencontrer dans les terres ensemencées en céréales de printemps, principalement dans les champs d'avoine, des sanves (moutarde blanche, des champs, noire) en quantité telle que les rendements que fournissent ces cultures se trouvent diminués de 30, 40 et 50 0/0. Cette destruction des sanves présente actuellement un intérêt tout particulier. En effet les cultivateurs, qui, pendant longtemps, ont cultivé l'avoine sans l'emploi de fumures, commencent aujourd'hui à recourir à l'emploi des engrais azotés minéraux. Or, il est bien certain que, dans les avoines infestées de moutarde, l'emploi du nitrate au printemps favorise le développement de ces plantes nuisibles. Il est donc indispensable que les sanves soient détruites dans les avoines qui doivent être nitratées.

Les deux champs d'expériences, établis à Saint-Valery et à Parfondeval, avaient pour but de montrer aux cultivateurs qu'il existe aujourd'hui un moyen aussi pratique qu'efficace d'arriver économiquement à cette destruction. Dans chaque champ, les essais ont été effectués sur 2 hectares d'avoine contenant du jeune trèfle violet semé dans l'avoine.

Les essais ont été exécutés avec du sulfate de fer. Le sulfate de cuivre, qui peut être également employé, est d'un maniement plus délicat et d'un prix plus élevé que le sulfate de fer. Aussi avons-nous choisi de préférence ce dernier sel dont la manipulation ne présente aucun danger.

Le sulfatage, pratiqué avec un pulvérisateur à bras, fut exécuté avec une dissolution à 15 0/0, degré de concentration que des expériences antérieures avaient indiqué comme très efficace.

Sur les 2 hectares de Saint-Valery, l'expérience fut concluante. Dès le lendemain, on constatait l'action destructive du sulfate de fer ; les tiges les plus faibles étaient déjà noires. Quant à l'avoine et au trèfle, les extrémités des tiges et des feuilles qui avaient d'abord jauni reprirent au bout de quelques jours leur teinte verte.

A Parfondeval, l'action, bien que réelle, fut cependant moins complète. La cause doit être évidemment attribuée à une averse qui était tombée quelques heures après le sulfatage.

En résumé, il est facile aujourd'hui, avec une solution à 15 0/0 de sulfate de fer, de détruire les plantes nuisibles qui sont si préjudiciables à l'avenir des récoltes. En comparant la dépense qu'occasionne ce traitement, dépense qui atteint à peine 15 francs par hectare, aux bénéfices qu'on en peut retirer, on est en droit de conclure que tout cultivateur soucieux de produire économiquement doit sulfater toutes les céréales salies par les moutardes.

TROISIÈME PARTIE

Expériences sur l'alimentation du bétail

RAPPORT DE M. PHILIPPE

Professeur de zootechnie à l'Ecole départementale d'Agriculture

Ces expériences, commencées le 1er décembre 1897, ont été terminées le 1er avril 1898.

Comme les années précédentes, elles ont pour but de prouver que le cultivateur trouve profit à soumettre, l'hiver, les jeunes bovidés en voie de croissance à une ration établie conformément aux données scientifiques sur l'alimentation, et qu'il doit renoncer à cette pratique encore trop générale de ne donner aux jeunes animaux rentrés à l'étable qu'une ration insuffisante sinon au point de vue de la quantité des matières alimentaires distribuées, mais manifestement incomplète au point de vue de la valeur et de l'effet nutritif de ces mêmes matières.

En effet il résulte de mes premières expériences (1892) que de jeunes animaux nourris l'hiver, à discrétion, de paille et de quelques heures de paturage ne font rien pendant toute la durée de ce régime (3 ou 4 mois) leur poids reste stationnaire, tandis qu'au contraire, soumis à une ration scientifiquement établie, ils gagnent d'autant plus que cette ration a été plus riche.

Cette première donnée n'ayant pas été et ne pouvant être contestée, mes expériences ultérieures devaient avoir uniquement pour objet de fournir des indications sur le quantum d'aliment riche qu'il convient d'ajouter utilement à la ration afin d'obtenir un résultat économique à l'abri de toute critique.

Ces expériences ont été continuées chez M. E. Prunier, cultivateur à Duclair; elles ont porté sur 12 jeunes bovidés :

Une bande de 6 bovidés de 18 à 20 mois
Une bande de 6 bovidés de 8 à 12 mois

Chacune de ces bandes a reçu un quantum d'aliments bruts et grossiers fournis par la ferme, et dont le cultivateur dispose généralement sans compter, proportionnel à son poids, et un supplément d'aliment concentré dont la quantité a varié pour les catégories de chaque bande, que j'ai distinguées en catégorie nourrie au *maximum* et catégorie nourrie au *minimum*.

Comme aliment concentré, j'ai encore employé la *maltine*.

D'après une moyenne de diverses analyses, la maltine a la composition suivante :

Eau	7.18
Matières azotées [1]	30.37
— non azotées et cellulose	45.22
— grasses	9.24
— minérales	7.97

Dans le choix de l'aliment concentré, indispensable pour constituer une bonne ration, le cultivateur doit être déterminé, à valeur nutritive et digestibilité égales, par le prix. La maltine, payée 12 fr. les 100 kilog., dosant 30 de protéine, la protéine est payée 0 fr. 40 le kilog. Peu d'aliments riches sont aussi avantageux.

J'ai procédé au lotissement des animaux le 27 novembre 1897, par une pesée faite dans le milieu de la journée.

Le 1er décembre au matin, date du début de l'expérience, les animaux ont été pesés à nouveau, puis régulièrement tous les quinze jours.

Pour que la balance donne des indications à peu près exactes, conséquemment utiles, il importe que la pesée soit faite toujours à la même heure, le *matin*, les animaux à *jeun*.

Pour être édifié à cet égard, il suffit de comparer la première pesée que je pratique chaque année dans le courant de la journée, pour lotir les animaux, et la pesée faite quelques jours plus tard le matin. On constate des écarts importants.

1 Synonymes : matières azotées, matières albuminoïdes, matières protéiques, protéine.

Bovidés de 18 *à* 20 *mois.* — Ces mêmes animaux nourris rationnellement l'hiver dernier (1896-1897), ont un développement remarquable.

Pesée du 27 *novembre*

Catégorie nourrie au maximum, 3 animaux. Poids vif : 1,378 kil.

Catégorie nourrie au minimum, 3 animaux. Poids vif : 1,314 kil.

Pesée du 1er *décembre*

Catégorie nourrie au maximum, 3 animaux. Poids vif : 1,348 kil.

Catégorie nourrie au minimum, 3 animaux. Poids vif : 1,275 kil.

JEUNES BOVIDÉS DE 8 A 12 MOIS

Pesée du 27 *novembre*

Catégorie nourrie au maximum, 3 animaux. Poids vif : 762 kil.

Catégorie nourrie au minimum, 3 animaux. Poids vif : 776 kil.

Pesée du 1er *décembre*

Catégorie nourrie au maximum, 3 animaux. Poids vif : 747 kil.

Catégorie nourrie au minimum, 3 animaux. Poids vif : 755 kil.

Le poids de chaque catégorie ainsi déterminé, me basant sur la donnée théorique, 24 k. de matière sèche, de matière alimentaire pour 1,000 k. de poids vif. J'ai institué les rations de la matière suivante :

Animaux de 18 à 20 mois

D'après Wolff, la relation nutritive pour les bovidés de cet âge est : : 1 : 8.

Catégorie nourrie au maximum (Poids 1,348 kil.).

ALIMENTS CONSTITUANT LA RATION	MATIÈRES sèches	MATIÈRES azotées	MATIÈRES non azotées	MATIÈRES grasses	RELATION nutritive
10 kil. Paille de blé	8 k. 600	0 k. 200	3 k. 500	0 k. 150	
10 Paille d'avoine	8 500	0 250	3 560	0 200	
7 Menues-pailles	6 000	0 315	2 940	0 105	
36 Betteraves fourragères	4 320	0 396	3 240	0 036	
4 Maltine	3 600	1 120	1 760	0 400	
67 kil.	31 k. 020	2 k. 281	15 k. 000	0 k. 891	: : 1 : 6.9

Catégorie nourrie au minimum (Poids 1.275 kil.).

ALIMENTS CONSTITUANT LA RATION	MATIÈRES sèches	MATIÈRES azotées	MATIÈRES non azotées	MATIÈRES grasses	RELATION nutritive
10 kil. Paille de blé	8 k. 600	0 k. 200	3 k. 500	0 k. 150	
10 Paille d'avoine	8 500	0 250	3 560	0 200	
7 Menues-pailles	6 000	0 315	2 940	0 105	
36 Betteraves fourragères	4 320	0 396	3 240	0 036	
3 Maltine	2 700	0 840	1 320	0 300	
66 kil.	30 k. 120	2 k. 001	14 k. 560	0 k. 791	: : 1 : 7.7

Animaux de 8 à 12 mois

D'après Wolff, la relation nutritive pour les bovidés de cet âge est : : 1 : 6.

Catégorie nourrie au maximum (Poids 747 kil.).

ALIMENTS CONSTITUANT LA RATION	MATIÈRES sèches	MATIÈRES azotées	MATIÈRES non azotées	MATIÈRES grasses	RELATION nutritive
5 kil. » Paille de blé	4 k. 300	0 k. 100	1 k. 750	0 k. 075	
2 500 Paille d'avoine	2 150	0 062	0 875	0 050	
5 » Menues-pailles	4 300	0 224	2 102	0 074	
36 » Betteraves fourragères	4 320	0 396	3 240	0 036	
4 » Maltine	3 600	1 120	1 700	0 400	
52 kil. 500	18 k. 670	1 k. 902	9 k. 727	0 k. 635	: : 1 : 5.4

Catégorie nourrie au minimum (Poids 755 kil.).

ALIMENTS CONSTITUANT LA RATION	MATIÈRES sèches	MATIÈRES azotées	MATIÈRES non azotées	MATIÈRES grasses	RELATION nutritive
5 kil. » Paille de blé	4 k. 300	0 k. 100	1 k. 750	0 k. 075	
2 500 Paille d'avoine	2 150	0 062	0 875	0 050	
5 » Menues-pailles	4 300	0 224	2 102	0 074	
36 » Betteraves fourragères	4 320	0 396	3 240	0 036	
3 » Maltine	2 700	0 840	1 320	0 300	
51 kil. 500	17 k. 770	1 k. 622	9 k. 287	0 k. 535	: : 1 : 6.6

Dans le tableau ci-dessous, j'ai indiqué chaque mois pour chaque bande de bovidés âgés de 18 à 20 mois, bovidés âgés de 8 à 12 mois ; et pour chaque catégorie : catégorie nourrie au maximum et catégorie nourrie au minimum, la maltine consommée, le rapport nutritif de la ration, l'accroissement mensuel et le prix du kilogramme d'accroissement, en ne tenant compte que de la valeur de l'aliment complémentaire, enfin l'augmentation pour cent du poids initial.

BOVIDÉS DE 18 A 20 MOIS

Catégorie nourrie au maximum.

	Maltine consommée.	Rapport nutritif.	Accroissement mensuel.	Prix du kil. d'accroissem.
	—	—	—	—
1er mois.	120 k.		23 k.	
2e —	120		33	
3e —	120		26	
4e —	120		33	
	480 k.	: : 1 : 6,9	115 k.	0 f. 50

Poids final........	1.463 k.
— initial.......	1.348
Accroissement..	115 k.

Augmentation pour cent du poids initial : 8,5 0/0.

Catégorie nourrie au minimum.

1er mois.	90 k.		12 k.	
2e —	90		25	
3e —	90		23	
4e —	90		27	
	360 k.	: : 1 : 7,7	87 k.	0 f. 49

Poids final........	1.362 k.
— initial.......	1.275
Accroissement..	87 k.

Augmentation pour cent du poids initial : 6,8 0/0.

BOVIDÉS DE 8 à 10 MOIS

Catégorie nourrie au maximum.

	Maltine consommée.	Rapport nutritif.	Accroissement mensuel.	Prix du kil. d'accroissem.
	—	—	—	—
1er mois.	120 k		15 k.	
2e —	120		22	
3e —	120		32	
4e —	120		48	
	480 k.	: : 1 : 5,4	117 k.	0 f. 49

Poids final......... 864 k.
— initial. 747

Accroissement.. 117 k.

Augmentation pour cent du poids initial : 13,5 0/0.

Catégorie nourrie au minimum.

1er mois.	90 k.		8 k.	
2e —	90		17	
3e —	90		24	
4e —	90		40	
	360 k.	: : 1 : 6,6	89 k.	0 f. 48

Poids final......... 844 k.
— initial........ 755

Accroissement.. 89 k.

Augmentation pour cent du poids initial : 11,8 0/0.

CONCLUSION

La caractéristique de cette expérience d'alimentation est que la plus-value la plus importante revient encore aux animaux dont la ration est établie dans un rapport nutritif étroit.

Telle est la donnée générale qui se dégage non seulement des expériences de cette année mais encore de celles des années antérieures.

S'inspirant de ce fait bien acquis, le cultivateur doit rechercher s'il lui est avantageux d'atteindre le maximum d'accroissement en augmentant la dose de Protéine de la ration, autrement dit en rapprochant les deux termes du rapport nutritif; ou s'il doit se limiter à un accroissement moyen ?

A cet égard, je veux me borner à des notions générales.

Pour composer ses rations d'hiver le cultivateur prévoyant doit établir le bilan de ses ressources alimentaires : s'il ne peut donner à ses jeunes animaux que des aliments peu nutritifs : tels que pailles, menues-pailles et racines, il lui est démontré maintenant qu'il ne pourra obtenir une augmentation notable du poids de son jeune bétail qu'à la condition de compléter la ration insuffisante dont il dispose par une addition déterminée d'un aliment concentré quelconque; c'est-à-dire d'un aliment dosant au moins 20 0/0 de protéine.

Mais si au contraire ses ressources alimentaires sont variées, s'il lui est possible de faire entrer dans la ration des fourrages plus nutritifs que ceux qui servent de base à mes rations, la dépense en aliment concentré sera d'autant atténuée. En résumé, il importe de retenir que ces expériences, s'appliquant à des conditions particulières, ne peuvent être que suggestives et ne doivent point être considérées comme modèles, dont on ne doit pas s'écarter.

Cette année encore, M. E. Prunier, mon collaborateur, s'est acquitté de sa tâche avec un zèle que je suis heureux de signaler.

En terminant, je me fais un devoir de vous signaler, Monsieur le Préfet, la coopération active de MM. Bailhache, Douvrandelle, Breton, Prunier, à l'œuvre des champs de démonstration. Leur concours nous a été des plus utile. Au nom des professeurs de l'École départementale, je leur exprime mes remerciements.

Veuillez agréer, Monsieur le Préfet, l'assurance de mon respect.

Le Directeur de la station agronomique,
membre correspondant de l'Institut,

A. HOUZEAU.

Rouen, le 20 janvier 1899.

ÉCOLE DÉPARTEMENTALE D'AGRICULTURE
Champs de DÉMONSTRATION
ET STATION AGRONOMIQUE DE LA SEINE-INFÉRIEURE
Siège à ROUEN, route de Caen et rue des Murs-Saint-Yon

TABLEAUX ET NOTES DE TRAVAIL

MAILLES
... jachère

Professeur départemental : M. Dubuc
Cultivateur : M. Douvrandelle à Neufchâtel
Arrondissement de Neufchâtel.

	CHAMP DE DÉMONSTRATION	CHAMP TÉMOIN
	Argileuse	Argileuse
	Forte	Forte
	Très épaisse	Très épaisse
	Argileux du Midi	Argileux du Midi
	Froment	Froment
	Un hectare	Un hectare
	Blé Goldendrop	Blé Goldendrop
	30 octobre	30 octobre

OBSERVATIONS GÉNÉRALES :

Tableau

ÉCOLE DÉPARTEMENTALE D'AGRICULTURE
Champs de DÉMONSTRATION
ET STATION AGRONOMIQUE DE LA SEINE-INFÉRIEURE
Siège à ROUEN, route de Caen et rue des Murs-Saint-Yon

TABLEAUX ET NOTES DE TRAVAIL

(Les Renseignements sont inscrits par le Professeur Départemental chargé de la direction du champ.)

Année 18[illegible]-18[illegible]

RÉCOLTE

Blé sur jachère

Professeur départemental : M. Dubuc
Cultivateur : M. Douvrandelle à Neufchâtel
Arrondissement de Neufchâtel

	CHAMP DE DÉMONSTRATION	CHAMP TÉMOIN
25. Date et qualité de la moisson	[illegible]	[illegible]
26. Date du fauchage	[illegible]	[illegible]
27. Date du battage	[illegible]	[illegible]
28. Nombre et poids des gerbes obtenues par hectare	[illegible]	[illegible]

CONCLUSION

Résultats économiques de la Culture :

OBSERVATIONS GÉNÉRALES :

www.ingramcontent.com/pod-product-compliance
Lightning Source LLC
LaVergne TN
LVHW010009230826
846092LV00002B/720

* 9 7 8 2 3 2 9 6 5 9 7 9 4 *